作者小檔案

本書的作者伊莉莎白，是個今年（2014年）只有11歲的彩虹圈編織達人喔！她從小就喜歡手工藝，總是有許多創意，充滿了手作魂。本書裡的12種彩虹圈編織圖案都是她自己想出來的，還有從這12個基本圖案衍生出來的許多變化。接下來我們先來了解伊莉莎白的創作背景，還有聊聊她喜歡的事物。

你喜歡什麼樣的手工藝？

我的家人都很喜歡自己動手編織，也常常有許多有趣的點子。我很小的時候就學會用鉤針來編織許多手工藝品，6歲時我就能自己獨立完成針織作品。

你怎麼想到用彩虹圈來編織？

我媽媽在一家手工藝材料店工作，所以我知道彩虹圈編織很流行。很多和我同年齡的小朋友都很瘋用編織器做很酷很獨特的彩虹圈飾品。我覺得很有趣，就想自己動手試試看。

怎麼會想到用鉤針來編織？

有一次全家出遠門度假，媽媽怕我們路上無聊，給我和我的兄弟姊妹們買了編織器和彩虹圈讓我們玩。因為要去度假的地方沒有網路，所以出門前，我們做筆記把步驟和方法記下來。但是不知道為什麼，我就是沒辦法用編織器完成作品，我已經會用鉤針編織，就想試試用鉤針來編彩虹圈。沒想到一鉤就很順手，很多作品就這樣用鉤針編出來了。不過有一點很麻煩的是，要把彩虹圈換邊，然後鉤另外一邊，這個動作很麻煩。還好我媽媽提醒我可以用雙頭鉤針來解決這個問題。這真是個好辦法！

除了編織，你還喜歡做什麼？

我喜歡攝影。我的一些作品還得過青少年攝影比賽優選呢！我也喜歡閱讀和聽音樂，我還會彈鋼琴和豎琴。

除了做手工藝品，你還喜歡什麼活動？

我喜歡戶外活動，像騎馬、騎腳踏車、游泳和射箭。我的家人養了許多小寵物，所以我也要幫忙照顧。我最喜歡的寵物是荷蘭小兔，我叫她艾蜜莉。還有跟爸爸媽媽和兄弟姊妹們一起玩，我們會一起做一些特別的活動。

妳長大後想做什麼？

我的夢想是成為獸醫或者馴獸師。

從哪裡可以知道更多妳的消息及作品？

請到我的個人網站：www.elizabethkollmar.com，我會定時更新我的新作品。

看看你可以做什麼！

作者小檔案 —————————— 1

變化無窮的彩虹圈飾品 ———————— 4

本書使用說明 —————— 6

需要準備的材料和工具 ———————— 8

看懂代碼 ———————— 10

看懂示範圖 —————— 15

基本圖案和變化圖案 ————————— 16

勾出你專屬的彩虹圈飾品 ——————————— 17

小綠葉圖案
19

雨天圖案
21

海浪圖案
24

葡萄葉圖案
27

小貝殼圖案
29

草莓甜心圖案
34

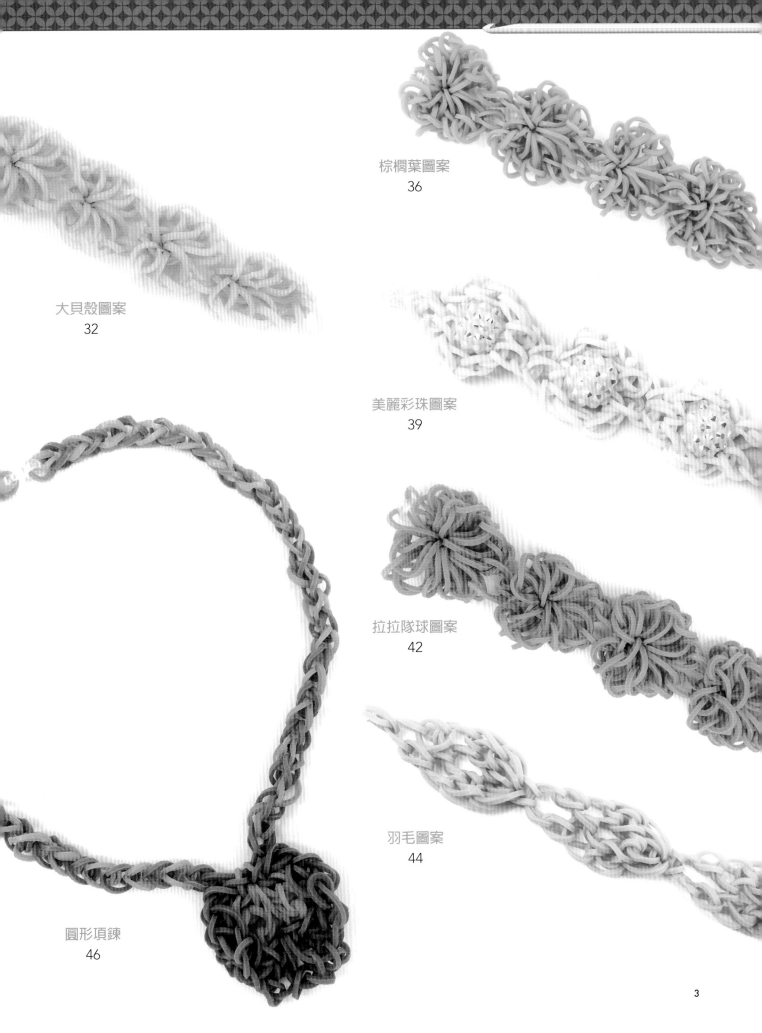

棕櫚葉圖案
36

大貝殼圖案
32

美麗彩珠圖案
39

拉拉隊球圖案
42

羽毛圖案
44

圓形項鍊
46

變化無窮的彩虹圈飾品

本書使用說明

　　本書用到的編織技巧很獨特喔，不過別擔心，很容易學的。我會毫無保留的和大家分享編織彩虹圈的方法。示範章節的部分有步驟說明和圖表，輔助你們了解怎麼設計不同的圖案，之後可以把相同的技巧運用到編織手環和項鍊。所有圖案的編織技法都是一樣的，所以很容易上手。

★ 難易度
★ 測量
★ 材料清單：需要準備的材料和工具
★ 示範說明：看懂代碼
★ 示範圖案

難易度

　　這是一個簡單的分類，讓你知道每個作品的編織難易度。如果你才剛開始學彩虹圈編織，就先嘗試初級程度的作品，等熟練後，再挑戰中級然後進階級的作品，一步一步累積你的技巧和信心。

測量

　　這個動作可以幫你測量一個彩虹圈圖案沒有被拉扯時的長度（也可以用捲尺加上計算機來換算），可以幫你計算需要重複編織的圖案數目和計算作品完成的長度。一旦算好需要的圖案，就可以提前準備作品所需要的彩虹圈，這樣就不會發生編到一半才發現彩虹圈不夠的窘況。第7頁的說明會教你怎麼計算圖案的規格和彩虹圈用量。

什麼是圖案？

每個圖案都是一個獨立的設計，圖案數目多寡，可以決定編織手環或者其他的首飾。像右邊這個作品使用了很多圖案，編織順序是由下到上。

圖案6
圖案5
圖案4
圖案3
圖案2
圖案1

測量作品完成的長度

現在讓我們算算你想要的作品長度。以手環來說，先測量手腕的長度，假設你的手腕大概是6英吋，完成的作品長度就是6英吋減掉1英吋，因為彩虹圈本身有延展性，所以減掉那1英吋，編好的手環戴上去才不會太鬆。

步驟 1:

手腕的長度		彩虹圈的 延展度		完成的長度
6 英吋	$-$	1 英吋	$=$	5 英吋

現在量好作品的完成長度，就可以決定用什麼圖案。假設你想試試小貝殼圖案（第29頁），在測量儀上的刻度是1英吋（約2.5公分），那麼就用作品完成長度除以圖案在測量儀上的刻度。所以這條小貝殼手環需要重複5次小貝殼圖案。

步驟 2:

作品完成的 長度		圖案在測量儀 的刻度		圖案的數目
5 英吋	$\div$	1 英吋	$=$	5 個圖案

在材料清單裡，說明每個小貝殼圖案需要10條彩虹圈。這條手環需要用到5個圖案，那就需要50條彩虹圈。計算每個作品需要用到的彩虹圈數量，都是用這個方法。

步驟 3:

圖案的數目		每個圖案的 彩虹圈用量		總共所需的 彩虹圈
5	$\times$	10	$=$	50 條彩虹圈

每個作品除了計算圖案用到的彩虹圈，都要再加上打底彩虹圈。小貝殼手環需要的打底彩虹圈是2條，所以完成這條手環就需要50＋2＝52條。

步驟 4:

5個圖案的彩 虹圈		打底彩虹圈		總共所需的 彩虹圈
50	$+$	2	$=$	52 條彩虹圈

糟糕，長度不夠！
有可能在你編織過程中，發現5個圖案的長度會太短，但是6個又太長，這時該怎麼辦呢？沒關係，你隨時可以在過程中加入鏈條（做法請看第12頁），可以加在第1個圖案的前面，或者最後1個圖案的後面。

需要準備的材料和工具

　　準備好編織了嗎？開始動手前先看看你需要什麼？本書裡所用到的工具和材料，都可以在一般的手工藝品店找到。

直徑2公分的彩虹圈

每個作品的材料清單都會標明每個圖案所需要的彩虹圈，其中包括了打底圈和工作圈，所需要的彩虹圈數量，可以參照第7頁的計算方式。

雙頭鉤針

左圖是雙頭鉤針，有些鉤針的兩端是一樣的大小，有些不一樣，兩種都可以用，依據你想編織的作品來決定。不過記得要選尺寸G、H、I或者J的鉤針（4～6毫米），至少要彩虹圈可以繞過的長度。

掛圈棒

編織時，需要掛圈棒把編好的圖案掛好。任何棒狀的東西都可以當作掛圈棒，比如說棒針、鉛筆、吸管等等。我習慣用另外一支鉤針來掛編好的圖案。

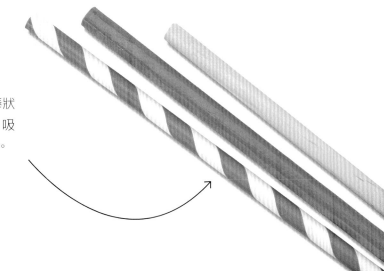

安全別針

別忘了要準備像這樣的安全別針，數量不用多，2個就夠了。當你在編織過程中，可能發現某個步驟錯了，別擔心，先用安全別針做標記，晚點再來修改。

串珠、鈕扣、幸運物和裝飾品

你可以在作品中任意加入各式各樣的小飾品。不過要記住，孔圍要夠大到讓彩虹圈穿過。比方說，6號以上的串珠可以讓一條彩虹圈穿過，要穿過的彩虹圈越多，孔圍就要越大。

收尾配件

編好所有圖案，串好喜歡的小飾品後就可以收尾，完成你的作品。收尾的配件有很多，簡單的、複雜的，視你的作品來決定。如果想要快速不複雜的收尾，可以用塑膠製S型或C型扣環，勾住第1條打底圈和最後1條工作圈就好了。如果想要作品看上去更精緻，就用尖嘴鉗和單圈，把金屬扣頭扣住第1條打底圈和最後1條工作圈。

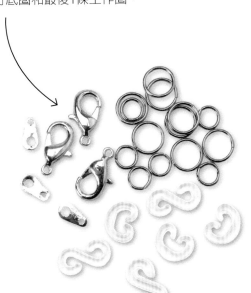

看懂代碼

本書所有圖案都是用一套不同的編織技法編出來的,利用重複次數多寡和不同顏色的組合,變化出不同的圖案。步驟說明裡會解釋每個圖案的編織技法和其相對應的縮寫代碼。只要了解每個技法和記住它的代碼,就可以輕鬆快速的完成。

如果在編織過程中,突然忘了某個技法或者代碼,別擔心,只要再翻回本頁,複習所有技法說明和示範就好了。一回生二回熟,只要多練習,你就會熟悉所有代碼和熟練所有編織技法。

B＝工作圈（Band）

每個B後面都會接著數字,代表編織時彩虹圈的工作順序,例如B1代表第1條彩虹圈,B2代表第2條彩虹圈,以此類推。彩虹圈被鉤針勾住的那頭是前端,手指頭拉住的那頭是後端。

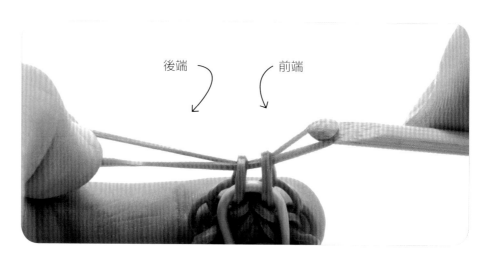

後端　　前端

Bead＝串珠

這個動作是指把你要附加的串珠、鈕扣、幸運物、裝飾品等等,利用尼龍線或者縫衣線串起來後,縫入特定的工作圈上。這個動作的完成會需要暫時把彩虹圈從鉤針拉出來,所以用細線會比用手指頭容易操作。

把線的一端穿入想要套入飾品的彩虹圈。

穿好後,拉起線的兩端,一起穿過串珠。

把鉤針上的那條彩虹圈拉出,把串珠套入彩虹圈後,再掛回鉤針上,把線抽掉。

小訣竅

多練習幾次,當你編好幾個圖案後,就不會覺得這些縮寫的代碼很陌生,就像我們常常在短信或簡訊裡發的那些縮寫一樣。

Bind off ＝套環

鉤針上2條彩虹圈的兩端，靠近鉤針頭的那一邊是第1環，另一邊是第2環。拉起第2環穿過鉤針頭然後套入第1環，套好後，鉤針上只剩下1個環。

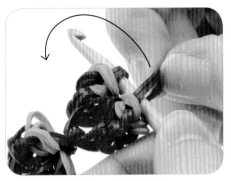

拉起第2環穿過鉤針頭，套入第1環。

套好後，鉤針上只剩1個環。

BOH＝掛環
（Band on Hook）

鉤針上的前端穿過特定的圈環後，把鉤針上的後端穿過鉤頭後掛上。

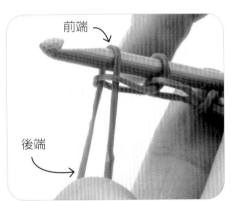

把鉤針上的前端穿過特定的圈環。

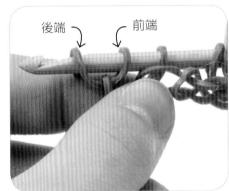

鉤針上的後端穿過鉤頭後掛上。

C＝顏色（Color）

C這個縮寫後面總是跟著數字，比如說，C1是1號顏色，C2是2號顏色，以此類推。這樣在編織過程中，你就不會弄錯不同顏色的彩虹圈編織順序。

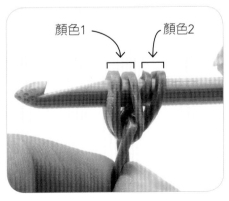

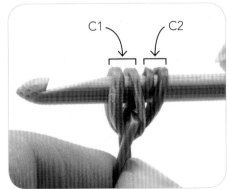

ch＝加鏈條（Chain）

這個動作是為了增加長度，編好的鏈條可以加在打底圈的前面，或者最後一條工作圈的後面。鏈條的編織方式是用鉤針勾住彩虹圈的前端，穿過2個圈環，手指頭拉起後端掛到鉤針上，重複這個動作一直到你想要的長度。

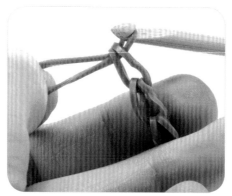 

用鉤針拉起圈環的前端穿過2個圈環。 　　手指頭拉起後端掛到鉤針上。

小訣竅
把鏈條加在打底圈前的話，看上去的效果會比較好。

Cross＝交叉

這個動作是把鉤針上2個不同顏色交錯的彩虹圈環，變成2個不同顏色並排的圈環。首先把彩虹圈前端穿過特定圈環後，連同後端一起掛到掛圈棒上。調整鉤針上的4個圈環位置，互相交叉，把相同顏色的圈環並放。這個技法是為了把同樣顏色的2個圈環變成1個。

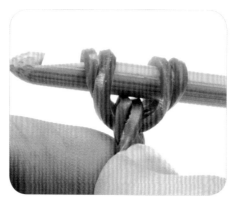 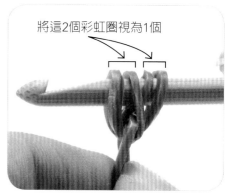

將這2個彩虹圈視為1個

把2條不同顏色的彩虹圈穿過鉤針上特定的圈環。 　　把鉤針上並列的4個圈環，互相交叉，把相同顏色的圈環並放，讓2個同樣顏色的圈環變成1個。

f8＝8字形（Figure 8）

第1條打底圈永遠是以8字形開始。把圈環的前端掛在鉤針上，拉起後端扭轉後，再掛到鉤針上。動作完成後，8字形會在鉤針的背面。

鉤針正面的8字形。 　　鉤針背面的8字形。

FB＝打底圈
（Foundation Band）

每個編織作品的第1個圖案都要從打底圈開始，接下來的圖案就不需要了。

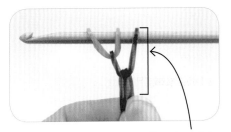

粉紅色彩虹圈就是打底圈。

PM＝做記號
（Place Marker）

如果在編織過程中發現漏針了，可先用安全別針穿過要補救的圈環上做標記，回頭再來補救。不同圖案之間也可以用別針來做記號。

用安全別針穿過鉤針上的圈環後別好。

PT＝穿環
（Pull through）

用鉤針勾住圈環前端，後端用手指固定，拉起前端穿過特定的圈環。PT1表示穿過1個圈環，PT2表示穿過2個圈環，以此類推。掛環（BOH）這個動作後永遠接著穿環。

用鉤針勾住圈環前端，後端用手指固定。

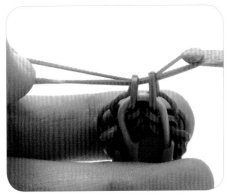

拉起前端穿過特定的圈環，滑過鉤針。

ret＝移回（Return）

這個動作是指把暫時移到掛圈棒的圈環移回鉤針。圖中的掛圈棒是用另一支鉤針，你可以用任何棒裝物替代。

掛圈棒

把鉤針穿過掛圈棒上所有圈環。

慢慢抽出掛圈棒，把圈環掛回鉤針。

S&T＝滑環和換邊
（Slide & Turn）

這個動作是指把鉤針上所有圈環從工作端移到後端，然後把鉤針掉頭，這樣後端就變成工作端。如果你是右撇子，那鉤針的工作端就永遠是左邊，你就要由左到右滑動圈環，然後把鉤針掉頭，那麼右邊就變成左邊；如果你是左撇子，那就是以相反方向進行。

工作端鉤針頭

滑行和掉頭前，掛在鉤針工作端的圈環。

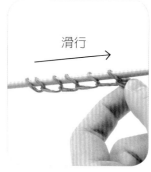

滑行 →

把掛在鉤針工作端的圈環往後端滑行。

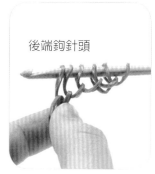

後端鉤針頭

把鉤針掉頭，這樣後端就變成工作端。

sl＝丟環（Slip）

把鉤針上特定的幾個圈環從工作端暫時移到掛圈棒。圖中的掛圈棒是雙頭鉤針，你可以用任何棒狀物來替代。

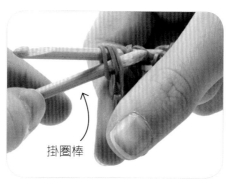

掛圈棒

把掛圈棒穿過要移動的圈環。

掛圈棒

把圈環移到掛圈棒上。

WE＝工作端
（Working end）

指編織時靠近鉤針的那一頭。如果你是右撇子，那工作端就是左邊的鉤頭；如果你是左撇子，那工作端就是右邊的鉤頭。

工作端

後端

如果你是右撇子，工作端就是左邊的鉤頭，右邊的鉤頭就是後端。

看懂示範圖

　　每一個編織圖案都會搭配一個視覺示範圖來輔助說明。請參考第19頁小綠葉圖案的編織說明，你就知道如何讀懂這些編織示範圖。

請參考第19頁小綠葉圖案的編織說明

小訣竅

示範圖中，不同顏色說明不同彩虹圈的功能。紫色代表打底圈，工作圈之間就用深藍色和淺藍色來表示。

每個示範圖的兩邊都會標明工作圈的順序。閱讀步驟說明的順序是從上到下，但是示範圖的順序則是從下到上。如右邊這個示範圖，最下面那2條彩虹圈就是打底圈。

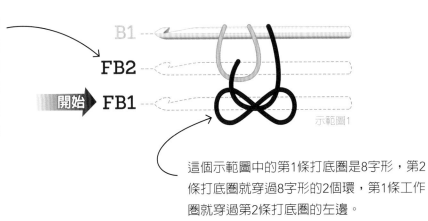

這個示範圖中的第1條打底圈是8字形，第2條打底圈就穿過8字形的2個環，第1條工作圈就穿過第2條打底圈的左邊。

每做一次滑環和換邊，就接著編織下一個圖案。示範圖2就是換邊的示範圖1。

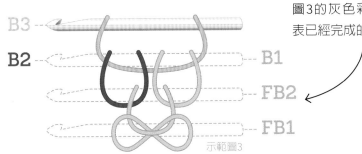

看清楚示範圖3的左邊，顯示新加入的第2條和第3條工作圈。每完成一個圖案，就在圈環別上一個安全別針做標記（PM，這個圖案要別2個）。然後繼續重複編織。

看清楚每個示範圖中不同顏色的彩虹圈，圖3的灰色彩虹圈代表已經完成的步驟。

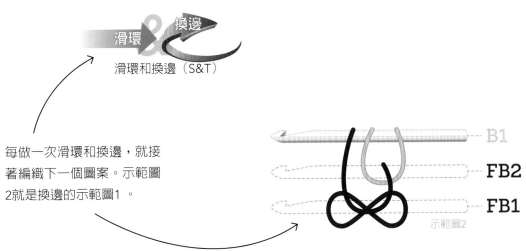

基本圖案和變化圖案

等你對本書裡所有圖案的編織技法越來越熟練後，可以試著加入不同顏色的彩虹圈加以變化，把它們組合在一起後，再加入一些喜歡的小飾品，又是一個新的作品。不過開始動手創作自己的作品前，有幾件事要注意。

基本圖案：

書裡所有編織作品都是從8字形的打底圈開始，有一些作品的打底圈不只一條，步驟說明和示範圖都會註明和顯示打底圈的數量，不要編錯了。

有些圖案的排列順序是由上往下，比如說第32頁的大貝殼和第36頁的棕櫚葉。有些則是由下往上，比如說第39頁的美麗彩珠。如果你的編織作品混合了不同的圖案，要記清楚它們之間的排列順序。

每編織好一個圖案，就別上安全別針做標記。這樣可以保護已經完成的圖案，以免在編織新圖案過程中散掉。如果不小心掉環了，作品散掉了，那就把安全別針以上的圖案全拆掉，把別針扣住的圈環掛回鉤針上，再從那裡開始。一定要記得，每編好一個圖案，就要別上安全別針做標記。

加入不同顏色的彩虹圈組合：

很多不同圖案其實是不同顏色的彩虹圈組合。材料清單裡會標明每個圖案需要的彩色彩虹圈，仔細讀好步驟說明裡不同顏色彩虹圈的編織順序，這樣才能編出想要的圖案。

添加喜歡的小飾品：

使用不同顏色的彩虹圈，可以變化出許多不同的圖案。但是利用添加小飾品，如串珠、鈕扣等等，也是一個好辦法。

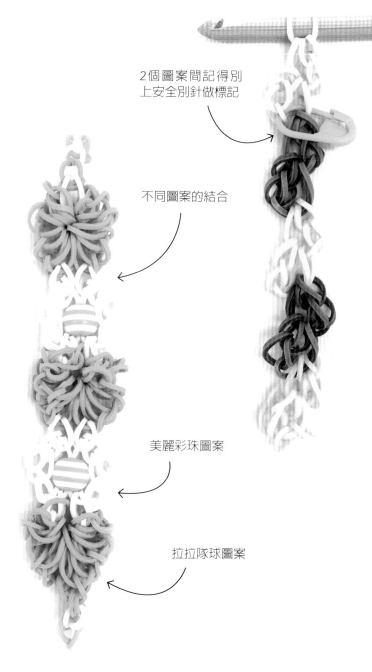

2個圖案間記得別上安全別針做標記

不同圖案的結合

美麗彩珠圖案

拉拉隊球圖案

設計專屬的彩虹圈飾品：

所有編織圖案，除了示範作品外，還可以任意加入不同顏色的彩虹圈和各種小飾品做變化。例如加入喜歡的幸運物，或者變成飾品鏈加掛在作品裡。不同編織圖案的組合也很有趣，例如把葡萄圖案（草莓甜心圖案的變化版，第34頁）加到葡萄葉圖案（第27頁），就可以編出一串完整的葡萄樹了。大膽嘗試組合各種圖案，看看你能變／編出什麼獨一無二的作品。

勾出你專屬的彩虹圈飾品

　　本書的圖案都可以透過重複編織，或者外加到其他飾品後變成新的作品。比如說，手鍊、綁書帶、髮圈和項鍊等等。這裡會詳細說明如何把一個單一的編織圖案，變成一個獨一無二的專屬飾品。

棕櫚葉圖案（第36頁）

手鍊：

　　量好自己手腕長度後，減掉1英吋（2.5公分），就是手鍊的長度。

　　量好想要編織的圖案長度，根據第7頁的計算方式估算需要編織的次數。完成編織後，把收尾的配件扣住第1條打底圈和最後1條工作圈，就完成一條美美的手鍊啦！記得不要翻轉編好的手鍊喔！

小貝殼圖案（第29頁）

髮圈：

　　測量你的頭圍，從左耳的下方繞過頭頂到右耳下方。把量好的長度減掉1英吋（2.5公分），就是髮圈的長度。量好想要的編織圖案的長度後，根據第7頁的計算方式來估算需要編織的次數。編到最後一個圖案時，用穿過2個圈環（PT2）和掛環（BOH）這2個技法，加編鏈條來銜接髮圈下方的長度。加鏈的動作完成後，用收尾配件扣住第1條打底圈和鏈條的最後1條工作圈，專屬的彩虹髮圈就完成了。記得不要翻轉編好的髮圈喔！

綁書帶：

　　圓形的綁書帶可用來綁書，或者當作書籤使用。測量你的書本高度後減掉2.5公分，就是綁書帶的長度。量好你想要編織的圖案長度，根據第7頁的計算方式估算需要編織的次數。編到最後一個圖案時，用穿過2個圈環（PT2）和掛環（BOH）這2個技法，加編鏈條到你想要的長度。完成前確認綁書帶可以剛好套住你的書，收尾方式和手鍊或者髮圈一樣。

髮帶和綁書帶要注意的小步驟
在第1條8字形的打底圈後，加掛2到3條彩虹圈長度的鏈條，然後再繼續編織剩下的打底圈和工作圈。這個作法是為了要隱藏扣環，這樣作品看上去會更精緻。記得作品完成後的長度要包含這個鏈條的長度。

棕櫚葉圖案的變化版：聖誕樹 （第38頁）

美麗彩珠（第39頁）

項鍊：

　　安全第一，誰都不喜歡脖子被綁住的感覺。所以測量項鍊的長度時，寧願太鬆也不要太緊。量好你的頸圍後，再加一點長度，這樣完成後的作品戴上去才舒服。如果你不知道要加多少，那就拿一條有彈性的布條掛在脖子上，拉拉看哪個長度你覺得好看。接下來量好你想要編織的圖案長度，根據第7頁的計算方式估算需要編織的次數，編好所有圖案後收尾。收尾方式和手鍊或者髮圈一樣（參考第17頁）。美麗彩珠的圖案很適合用來做項鍊。第46頁的圓形項鍊圖案的步驟說明裡，會特別解釋如何把美麗彩珠的圖案應用到圓形項鍊。

小綠葉圖案

難易度：初級

測量：每個圖案1.5公分

材料清單
- 2條打底圈
- 每個圖案3條工作圈
- 雙頭鉤針
- 1個安全別針

編織技法和縮寫
- B：工作圈
- BOH：掛環
- f8：8字形
- FB：打底圈
- PM：做記號
- PT：穿環
- S&T：滑環和換邊

✳ 步驟說明 ✳

　　為了幫你更熟悉這些編織技法的縮寫（代碼），第一個練習的縮寫旁邊都會寫上說明。如果忘了某個技法的代碼，只要參考第10頁的示範說明就可以了。

FB1：f8（8字形）

FB2：PT2（穿過2個圈環），BOH（掛環）

B1：PT1（穿過1個圈環），BOH（掛環）

Slide & Turn：S&T（滑環和換邊）

B2：PT1（穿過1個圈環），BOH（掛環）

B3：PT4（穿過鉤針上全部4個圈環），BOH（掛環）

　　每個圖案重複順序是，把安全別針穿過鉤針上所有圈環後鎖好。然後重複第1～3條工作圈的技法。在第1條工作圈後別忘了要換邊（滑環和換邊）。重複這些步驟直到完成的長度。可參考第17～18頁的說明，教你如何用這個圖案編織出手鍊、綁書帶、髮圈或者項鍊。最後用塑膠扣環或者珠寶扣頭來收尾。

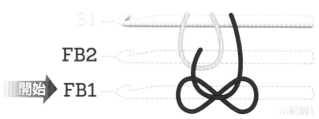

FB2

開始 FB1

示範圖1

滑環和換邊,這樣你可以開始編織另一邊。

滑環 & 換邊

FB2

FB1

示範圖2

繼續加入第2條工作圈(B2)和第3條工作圈(B3)。

重複下一個圖案前,先用別針穿過鉤針上所有圈環做標記。第1～3條工作圈的技法依照前一個圖案的步驟。

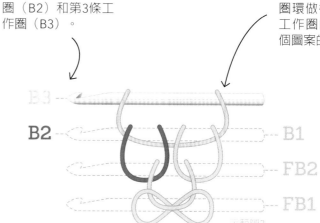

B2

B1

FB2

FB1

示範圖3

小訣竅

在你編織的過程中,記得順便把編好的圖案拉順拉好,這樣作品完成後才會整齊漂亮。

雨天圖案

難易度：初級
測量：每個圖案1.5公分

編織技法和縮寫

· B：工作圈
· BOH：掛環
· f8：8字形
· FB：打底圈
· PM：做記號
· PT：穿環
· S&T：滑環和換邊

✳ 步驟說明 ✳

FB1: f8
FB2: PT2，BOH
FB3: PT1，BOH
FB4: PT2，BOH
S&T
B1: PT2，BOH
B2: PT2，BOH
S&T
B3: PT2，BOH
B4: PT2，BOH
S&T
B5: PT2，BOH
B6: PT2，BOH

　　每個圖案之間都要做記號、滑環和換邊。第1～6條工作圈都是一樣的技法，不過記得第2、4、6條後要滑環和換邊。

　　重複編織圖案一直到你想要的長度。可參考第17～18頁的說明，教你如何用這個圖案編織出手鍊、綁書帶、髮圈或者項鍊。收尾時，把最後一個圖案的第6條工作圈，穿過鉤針上全部的3個圈環後掛回鉤針上。最後用塑膠扣環或者珠寶扣頭收尾。

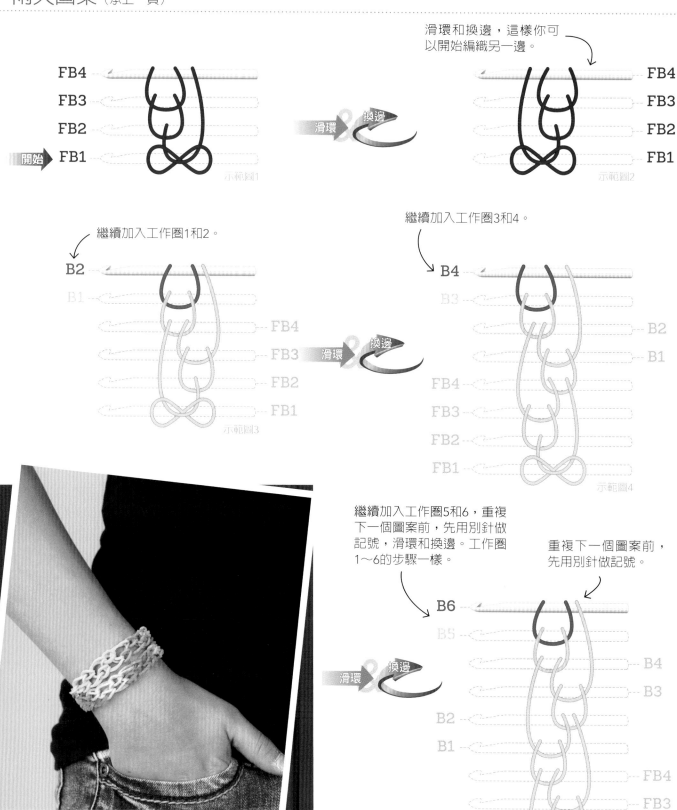

滑環和換邊，這樣你可以開始編織另一邊。

FB4
FB3
FB2
開始 FB1

示範圖1

滑環 & 換邊

FB4
FB3
FB2
FB1

示範圖2

繼續加入工作圈1和2。

B2
B1

FB4
FB3   滑環 & 換邊
FB2
FB1

示範圖3

繼續加入工作圈3和4。

B4
B3

B2
B1

FB4
FB3
FB2
FB1

示範圖4

繼續加入工作圈5和6，重複下一個圖案前，先用別針做記號，滑環和換邊。工作圈1～6的步驟一樣。

重複下一個圖案前，先用別針做記號。

B6
B5

滑環 & 換邊

B4
B3

B2
B1

FB4
FB3
FB2
FB1

示範圖5

不同顏色的彩虹圈組合

接下來，我們要加入不同顏色的彩虹圈做變化。把各種顏色的彩虹圈依照下圖標明的工作順序擺好，這樣在編織時，才不會手忙腳亂的，又要看說明，又要找對彩虹圈的顏色。

小雨滴

彩虹圈	顏色
FB1	黑色
FB2	黑色
FB3	藍色
FB4	黑色
B1	藍色
B2	黑色
B3	藍色
B4	黑色
B5	藍色
B6	黑色

小訣竅

編好前2條黑色打底圈後，剩下的長度可以用黑色和藍色彩虹圈交錯編織。

不同顏色的圖案

圖案相同，顏色不同。

多色交錯的圖案

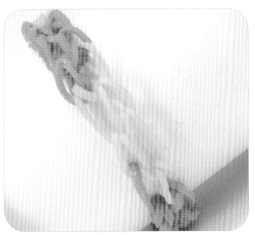

每個圖案交錯2到3種顏色的彩虹圈，順序可以是顏色1、顏色2、顏色1、顏色2（如圖所示），或者顏色1、顏色2、顏色3，以此類推。

海浪圖案

難易度：初級
測量：每個圖案2公分

花材清單

· 2條打底圈
· 每個圖案6條工作圈
· 雙頭鉤針
· 1個安全別針

編織技法和縮寫

· **B**：工作圈
· **BOH**：掛環
· **f8**：8字形
· **FB**：打底圈
· **PM**：做記號
· **PT**：穿環
· **S&T**：滑環和換邊

小訣竅

這個圖案的編織步驟很簡單，就是有規律的重複穿環和掛環的動作，所以在編織時，可以默念1、2、3，滑環和換邊。

✻ 步驟說明 ✻

FB1：f8
FB2：PT2，BOH
B1：PT1，BOH
B2：PT2，BOH
B3：PT3（穿過鉤針上全部3個圈環），BOH

Slide & Turn

B4：PT1，BOH
B5：PT2，BOH
B6：PT3（穿過鉤針上全部3個圈環），BOH

每個圖案之間都要做記號、滑環和換邊。第1～6條工作圈都是一樣的技法，不過記得第3和第6條工作圈後要滑環和換邊。

重複編織圖案一直到你想要的長度。可參考第17～18頁的說明，教你如何用這個圖案編織出手鍊、綁書帶、髮圈或者項鍊。最後用塑膠扣環或者珠寶扣頭收尾。

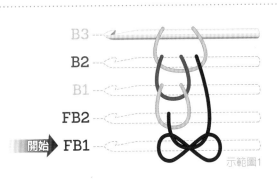

B3
B2
B1
FB2
開始 ▶ FB1

示範圖1

滑環 & 換邊

重複下一個圖案前，
先用別針做記號。

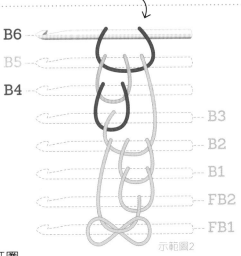

B6
B5
B4
B3
B2
B1
FB2
FB1

示範圖2

繼續加入第4～6條工作圈，重複下一
個圖案前，先用別針做記號，滑環和
換邊，工作圈1～6的步驟一樣。

不同顏色的彩虹圈組合

接下來，我們要加入不同顏色的彩虹圈做變化。把各種顏色的彩虹圈
依照下圖標明的工作順序擺好，這樣在編織時，才不會手忙腳亂的，又
要看說明，又要找對彩虹圈的顏色。

彩虹圖案1

彩虹圈	顏色
FB1 & FB2	紅色
B1	紅色
B2	橘色
B3	黃色
B4	淺綠色
B5	淺藍色
B6	紫色

每個圖案的工作圈顏色順序都是一樣的。

彩虹圖案2

彩虹圈	顏色
FB1 & FB2	白色
B1	紅色
B2	橘色
B3	白色
B4	黃色
B5	淺綠色
B6	白色
B1	淺藍色
B2	紫色
B3	白色

每個圖案的工作圈顏色順序都是一樣的。

海浪圖案（承上一頁）

多色交替彩虹

彩虹圈		顏色
FB1 & FB2		紅色
圖案1・B1–B5		紅色
圖案1・B6		橘色
圖案2・B1–B5		橘色
圖案2・B6		黃色
圖案3・B1–B5		黃色
圖案3・B6		淺綠色
圖案4・B1–B5		淺綠色
圖案4・B6		淺藍色
圖案5・B1–B5		淺藍色
圖案5・B6		紫色
圖案6・B1–B6		紫色

這6個圖案組成的手環長度是13.5公分。
你可以根據自己手腕長度來增減圖案的
數目。

½雙色交錯

彩虹圈	顏色
FB1 & FB2	淺綠色
B1–B2	淺綠色
B3–B5	淺藍色
B6–B2	淺綠色
B3–B5	淺藍色

每3條彩虹圈換一次顏色。

完全雙色交錯

打底圈1～2和第1個圖案的工作圈1～
5都是同一個顏色。然後第1個圖案的
工作圈6到第2個圖案的工作圈1～5用
另一個顏色。每個圖案的換色都是這
樣的順序。

½三色交替

打底圈1～2和第1個圖案的工作圈1～
2都是同一個顏色。然後第1個圖案的
工作圈3～5用第2個顏色，第1個圖案
的工作圈6到第2個圖案的工作圈2用
第3個顏色。重複換色順序，每3條換
一次顏色。

完全三色圖案

2條打底圈和工作圈1都是紅色，接下
來工作圈2、3、4的顏色順序是白、
藍、紅。工作圈5、6、1依序重複。

CRA-Z-LOOM
loop weave and ware

彩虹圈圈編織手環

「Cra-Z-Loom」是美國家喻戶曉的橡皮筋編織品牌，產品不僅符合世界潮流，品質更是榮獲全美消費者信賴，橡皮筋因而創下全美銷售第一佳績，更有通過歐盟規範的無毒保證，讓家長安心購買，孩子也玩得開心！

2014年再次被票選為小朋友最想擁有的耶誕節禮物之一，與歐美同步流行，千變萬化的彩色橡皮圈編織，可編織出手環、戒子、髮飾，還能夠編織出立體的吊飾和公仔，更能幫助提昇孩子的專注力、創造力及美感，也可以與孩子一起編織，增加親子間的感情喔！

全台小朋友都瘋狂的橡皮筋

橡皮筋彈力佳　可以拉長到24公分耶！

★ 橡皮筋色彩超飽且無毒無味

★ 唯一通過二十項重金屬檢驗

★ 通過歐盟EN71/美國CPSIA/
　台灣ST安全玩具三方認證

★ 給家長保證橡皮筋成分與
　醫療手套同等-Latex-Free

● 全球最大編織器

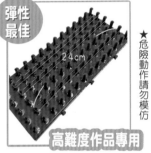

彈性最佳

24cm

★ 危險動作請勿模仿

高難度作品專用

★ 15種顏色補充包，適合各式編織器

深紅	亮粉紅	洋紅	橘黃色	鵝黃
螢光綠	深綠	工藝藍	大海藍	紫色
寶石黑	純白	夜光	彩光	彩色

全省銷售據點　　總代理：宏微國際企業有限公司　官方網站：www.rocbox.com.tw　電話：(02)2222-5867

  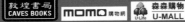   

葡萄葉圖案

難易度：初級
測量：每個圖案2.5公分

材料清單

· 1條打底圈
· 每個圖案7條工作圈
· 雙頭鉤針
· 1個安全別針
· 串珠（也可用自己喜歡的
  幸運小物）

編織技法和縮寫

· B：工作圈
· BOH：掛環
· f8：8字形
· FB：打底圈
· PM：做記號
· PT：穿環
· S&T：滑環和換邊

＊ 步驟說明 ＊

FB：f8
B1：PT2，BOH
B2：PT1，BOH
B3：PT1，BOH
S&T
B4：PT1，BOH
B5：PT1，BOH
B6：PT6（穿過鉤針上全部6個
　　圈環），BOH
B7：PT2，BOH

每個圖案的工作圈
1～7的技法都和步驟
說明一樣，別忘了工
作圈3後要滑環和換
邊。重複編織圖案一
直到你想要的長度。
可參考第17～18頁的
說明，教你如何用這
個圖案編織出手鍊、
綁書帶、髮圈或者項
鍊。最後用塑膠扣環
或者珠寶扣頭收尾。

葡萄葉圖案（承上一頁）

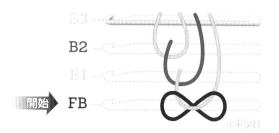

開始 ▶ FB

滑環 & 換邊

重複下一個圖案前，
先用別針做記號。

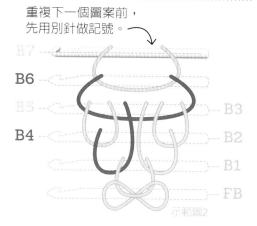

繼續加入工作圈4～7，重複下一個圖案
前，先用別針做記號，工作圈1～7的步
驟一樣。

小訣竅

你可以在編織過程中加入喜歡的幸運
物。把想加的飾品穿在工作圈7後，
然後再別上別針做記號。這樣就可以
知道在哪裡加飾品。手工藝品店都有
賣幸運物、串珠等小飾品。你也可以
加入單獨的編織圖案當作飾品，比如
說草莓甜心或者葡萄圖案。

小貝殼圖案

難易度：中級
測量：每個圖案2.5公分

材料清單	・2條打底圈 ・每個圖案10條工作圈 ・雙頭鉤針 ・1個安全別針

編織技法和縮寫	・B：工作圈 ・BOH：掛環 ・f8：8字形 ・FB：打底圈 ・PM：做記號 ・PT：穿環 ・S&T：滑環和換邊

❉ 步驟說明 ❉

FB 1：f8
FB 2：PT2，BOH
B1：PT1，BOH
B2：PT1，BOH
B3：PT1，BOH
B4：PT1，BOH
B5：PT 6（穿過鉤針上全部6個圈環），BOH
S&T
B6：PT1，BOH
B7：PT1，BOH
B8：PT1，BOH
B9：PT1，BOH
B10：PT 6（穿過鉤針上全部6個圈環），BOH

重複下一個圖案前，先用別針做記號，滑環和換邊。每個圖案的工作圈1～10的技法都和步驟說明一樣，別忘了工作圈5和10後要滑環和換邊。重複編織圖案一直到你想要的長度。可參考第17～18頁的說明，教你如何用這個圖案編織出手鍊、綁書帶、髮圈或者項鍊。最後用塑膠扣環或者珠寶扣頭收尾。

小訣竅
這個圖案使用的彩虹圈很多，所以先把每個圖案的2條打底圈和10條分堆放好，這樣編織的時候才不會手忙腳亂。

重複下一個圖案前，
先用別針做記號。

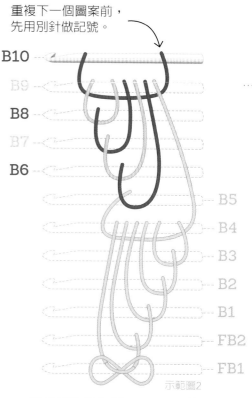

B10
B9
B8
B7
B6
B5
B4
B3
B2
B1
FB2
FB1

示範圖2

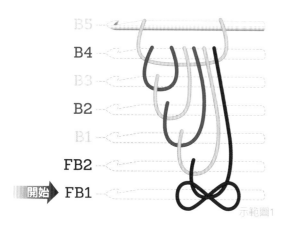

B5
B4
B3
B2
B1
FB2
開始　FB1

示範圖1

滑環　換邊

繼續加入工作圈6～10，重複下一個
圖案前，先用別針做記號，滑環和換
邊，工作圈1～10的步驟一樣。

不同顏色的彩虹圈組合

接下來，我們要加入不同顏
色的彩虹圈做變化。把各種顏
色的彩虹圈依照下圖標明的工
作順序擺好，這樣在編織時，
才不會手忙腳亂的，又要看說
明，又要找對彩虹圈的顏色。

彩虹

彩虹圈	顏色
FB1 & FB2	紅色
B1	粉紅色
B2	黃色
B3	淺綠色
B4	淺藍色
B5	紅色
B6	粉紅色
B7	黃色
B8	淺綠色
B9	淺藍色
B10	紅色

每個圖案的10條
彩虹圈的顏色交
替都是一樣的。

½雙色交錯

彩虹圈	顏色
FB1 & FB2	淺綠色
B1–B4	淺綠色
B5–B9	淺藍色
B10–B4	淺綠色
B5–B9	淺藍色

每5條彩虹圈換一次順序。

多色交替彩虹

彩虹圈	顏色
FB1 & FB2	紅色
圖案1、B1–B9	紅色
圖案1、B10	橘色
圖案2、B1–B9	橘色
圖案2、B10	黃色
圖案3、B1–B9	黃色
圖案3、B10	淺綠色
圖案4、B1–B9	淺綠色
圖案4、B10	淺藍色
圖案5、B1–B9	淺藍色
圖案5、B10	紫色
圖案6、B1–B10	紫色

這6個圖案組成的手環長度是15公分。你可以根據自己手腕的長度來增減圖案的數目。

完全雙色交錯

打底圈1到第1個圖案的工作圈9都是同一個顏色。然後第1個圖案的工作圈10到第2個圖案的工作圈9用另一個顏色。每個圖案的換色都是這樣的順序。

½三色交替

打底圈1和第1個圖案的工作圈1～4是紅色,5～9是粉紅色,10到第2個圖案的工作圈1～4是白色。重複換色順序,每5條換一次顏色。

完全三色圖案

2條打底圈和工作圈1都是紅色,接下來工作圈2、3、4的顏色順序是白、藍、紅。工作圈5、6、7依序重複。

大貝殼圖案

難易度：中級
測量：每個圖案2公分

編織技法和縮寫

- **B**：工作圈
- **Bead**：串珠。把要附加的串珠、鈕扣、幸運物、裝飾品等利用尼龍線或者縫衣線串起來後，縫入特定的工作圈上。
- **BOH**：掛環
- **f8**：8字形
- **FB**：打底圈
- **PM**：做記號
- **PT**：穿環
- **ret**：移回。把暫時移到掛圈棒的圈環移回鉤針。
- **S&T**：滑環和換邊
- **sl**：丟環。把鉤針上特定的幾個圈環從工作端暫時移到掛圈棒。
- **WE**：工作端

小訣竅
移回掛圈棒的圈環到鉤針前，要確定珠子緊密的串入彩虹圈環。你也可以用別針固定串好珠子的圈環。

✳ 步驟說明 ✳

FB：f8

B1：PT2，BOH

B2：PT1，BOH
蜜糖甜心圖案：把工作圈1的1個圈環移到掛圈棒，把粉紅色串珠縫到工作端上的圈環。

B3：PT 1，BOH
蜜糖甜心圖案：把工作圈2的1個圈環移到掛圈棒，把橘色串珠縫到工作端上的圈環。

B4：PT1，BOH
蜜糖甜心圖案：把工作圈3的1個圈環移到掛圈棒，把淺綠色串珠縫到工作端上的圈環。

B5：PT1，BOH
蜜糖甜心圖案： 把工作圈4的1個圈環移到掛圈棒，把藍色串珠縫到工作端上的圈環。移回掛圈棒上的圈環，縫入紫色串珠。

S&T

B6：PT1，BOH
蜜糖甜心圖案： 把工作圈1的1個圈環移到掛圈棒，把粉紅色串珠縫到工作端上的圈環。

B7：PT1，BOH
蜜糖甜心圖案：把工作圈2的1個圈環移到掛圈棒，把橘色串珠縫到工作端上的圈環。

B8：PT1，BOH
蜜糖甜心圖案：把工作圈3的1個圈環移到掛圈棒，把淺綠色串珠縫到工作端上的圈環。

B9：PT1，BOH
蜜糖甜心圖案：把工作圈4的1個圈環移到掛圈棒，把藍色串珠縫到工作端上的圈環。移回掛圈棒上的圈環，縫入紫色串珠。

B10：PT10（穿過鉤針上全部10個圈環），BOH

　　重複下一個圖案前，先用別針做記號，滑環和換邊。每個圖案的工作圈1～10的技法都和步驟說明一樣，別忘了工作圈5後要滑環和換邊。重複編織圖案一直到你想要的長度。可參考第17～18頁的說明，教你如何用這個圖案編織出手鍊、綁書帶、髮圈或者項鍊。最後用塑膠扣環或者珠寶扣頭收尾。

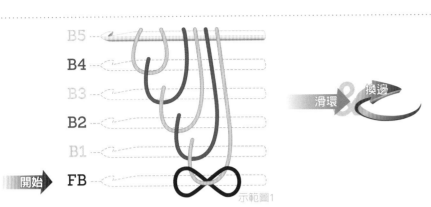

重複下一個圖案前，
先用別針做記號。

示範圖1

示範圖2

不同顏色的彩虹圈組合

接下來，我們要加入不同顏色的彩虹圈做變化。把各種顏色的彩虹圈依照下圖標明的工作順序擺好，這樣在編織時，才不會手忙腳亂的，又要看說明，又要找對彩虹圈的顏色。

繼續加入工作圈6～10，用別針做記號，開始下一個圖案，工作圈1～10的步驟一樣。

蜜糖甜心圖案

彩虹圈	顏色	串珠顏色
FB	白色	無
B1	白色	無
B2	白色	粉紅色
B3	白色	橘色
B4	白色	淺綠色
B5	白色	藍色和紫色
B6	白色	粉紅色
B7	白色	橘色
B8	白色	淺綠色
B9	白色	藍色和紫色
B10	白色	無

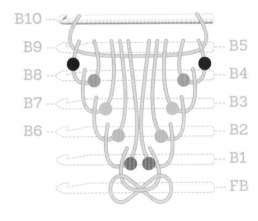

彩虹貝殼

彩虹圈	顏色
FB	紫色
B1	紫色
B2	淺藍色
B3	淺綠色
B4	黃色
B5	紅色
B6	淺藍色
B7	淺綠色
B8	黃色
B9	紅色
B10	白色

每個圖案的10條工作圈的顏色順序都一樣。

草莓甜心圖案

難易度：中級
測量：每個圖案4.5公分

· 1條紅色打底圈
· 每個圖案20條紅色工作圈
· 每個圖案 8條綠色工作圈
· 雙頭鉤針
· 1個安全別針

· **B**：工作圈
· **Bind Off**：套環。鉤針上2條彩虹圈的兩端，靠近鉤針頭的那一邊是第1環，另一邊是第2環。拉起第2環穿過鉤針頭然後套入第1環，套好後，鉤針上只剩下1個環。
· **BOH**：掛環
· **f8**：8字形
· **FB**：打底圈
· **PM**：做記號
· **PT**：穿環
· **S&T**：滑環和換邊
· **WE**：工作端

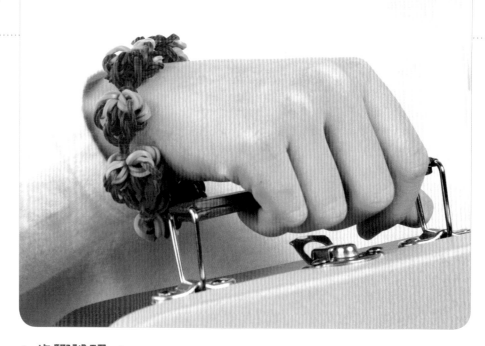

＊ 步驟說明 ＊

除了打底圈用1條彩虹圈外，接下來的編織都是2條彩虹圈一起編織。比如說第1個圖案的工作圈1，就用2條紅色彩虹圈穿過鉤針上的2個圈環後套上。因為用2條彩虹圈一起編，代表鉤針上的圈環會有4個，記得所有動作都要一次拉起2個圈環。

FB（2條紅色）：f8。用2條彩虹圈一起編，代表鉤針上的圈環會有4個，記得所有動作都要一次拉起2個圈環。

B1（2條紅色）：只有第1個圖案穿過2個圈環（PT2），接下來的圖案只要穿過1個圈環。

B2（2條紅色）：PT1，BOH

B3（2條綠色）：PT 1，BOH

S&T

B4（2條紅色）：PT1，BOH

B5（2條綠色）：PT1，BOH

B6（2條紅色）：PT6（穿過鉤針上全部6個圈環），BOH

Bind Off：不要忘記，每一步都是使用2條彩虹圈一起編織，視為1條。

B7（2條紅色）：PT1，BOH

B8（2條紅色）：PT1，BOH

B9（2條紅色）：PT1，BOH

B10（2條綠色）：PT1，BOH

S&T

B11（2條紅色）：PT1，BOH

B12（2條紅色）：PT1，BOH

B13（2條綠色）：PT1，BOH

B14（2條紅色）：PT8（穿過鉤針上全部8個圈環），BOH

Bind Off

重複下一個圖案前，先用別針做記號。每個圖案的工作圈1～14的技法都和步驟說明一樣，包括套環。別忘了工作圈3和10後，要滑環和換邊。重複編織圖案一直到你想要的長度。可參考第17～18頁的說明，教你如何用這個圖案編織出手鍊、綁書帶、髮圈或者項鍊。最後用塑膠扣環或者珠寶扣頭收尾。

小訣竅

對右撇子來說，在編織這個圖案的過程中，右邊的圈環套入鉤針頭左邊的圈環後，要往右靠。

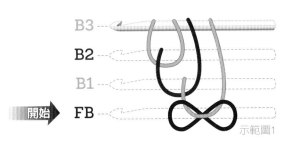

B3
B2
B1

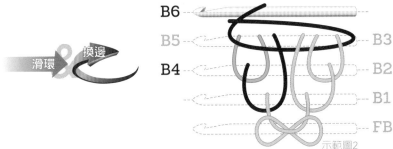

FB

開始

示範圖1

只有第1個圖案的工作圈1,需
要穿過2個圈環。

滑環 & 換邊

B6
B5
B4

B3
B2
B1
FB

示範圖2

繼續加入工作圈4～6,然後套環。

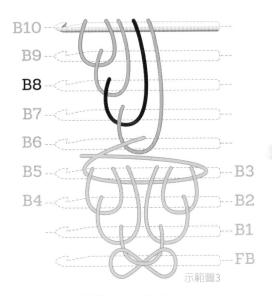

B10
B9
B8
B7
B6
B5
B4

B3
B2
B1
FB

示範圖3

繼續加入工作圈7～10。

滑環 & 換邊

重複下一個圖案前,
先用別針做記號。

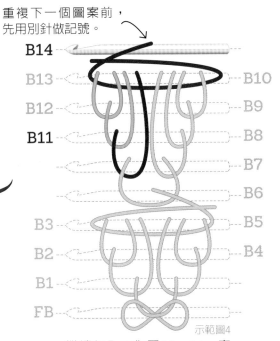

B14
B13
B12
B11

B10
B9
B8
B7
B6
B5
B4

B3
B2
B1
FB

示範圖4

繼續加入工作圈11～14,套
環。用別針做記號,開始下一
個圖案,工作圈1～14的步驟
一樣。

葡萄圖案

不同顏色的彩虹圈組合

　　你可以用紫色彩虹圈替換紅
色彩虹圈。左圖用了紫色珠狀
的彩虹圈,它的質地比一般彩
虹圈厚,所以只用1條來編,
而不是2條。請參考第28頁的
說明,加入葡萄葉圖案項圈到
這個作品裡。

小訣竅
這個草莓甜心手環完成後,會有
2個一大一小的草莓圖案。

小訣竅
如果想用草莓甜心和葡萄葉圖案
來當附加飾品,記得工作圈6和
14要換成綠色的彩虹圈。

棕櫚葉圖案

難易度：中級
測量：每個圖案2.5公分

材料清單

- 1條打底圈
- 每個圖案22條工作圈
- 雙頭鉤針
- 掛環棒（聖誕樹圖案）
- 1個安全別針
- 尼龍線（聖誕樹圖案）
- 星型鈕扣：每2個圖案1顆（聖誕樹圖案）
- 適量的金色和紅色的6號串珠（聖誕樹圖案）

編織技法和縮寫

- **B**：工作圈
- **Bead**：串珠。把要附加的串珠、鈕扣、幸運物、裝飾品等利用尼龍線或者縫衣線串起來後，縫入特定的工作圈上。
- **BOH**：掛環
- **ch**：加鏈條
- **f8**：8字形
- **FB**：打底圈
- **PM**：做記號
- **PT**：穿環
- **ret**：移回
- **S&T**：滑環和換邊
- **sl**：丟環
- **WE**：工作端

✳ 步驟說明 ✳

FB: f8	**S&T**
B1: PT2，BOH	**B11:** PT2，BOH
B2: PT1，BOH	**B12:** PT1，BOH
B3: PT2，BOH	**B13:** PT2，BOH
B4: PT1，BOH	**B14:** PT1，BOH
S&T	**B15:** PT2，BOH
B5: PT1，BOH	**B16:** PT1，BOH
B6: PT2，BOH	**B17:** PT2，BOH
B7: PT1，BOH	**S&T**
B8: PT2，BOH	**B18:** PT1，BOH
B9: PT1，BOH	**B19:** PT2，BOH
B10: PT2，BOH	**B20:** PT1，BOH
	B21: PT2，BOH
	B22: PT12 (穿過鉤針上全部12個圈環)，BOH

重複下一個圖案前，先用別針做記號。每個圖案的工作圈1～22的技法都和步驟說明一樣。別忘了工作圈4、10和17後要滑環和換邊，如果要加裝飾品，記得在工作圈22以後要滑環和換邊（參考第37頁說明）。可參考第17～18頁的說明，教你如何用這個圖案編織出手鍊、綁書帶、髮圈或者項鍊。最後用塑膠扣環或者珠寶扣頭收尾。

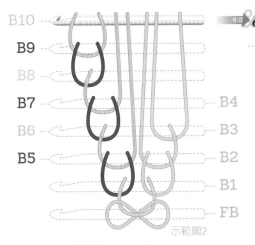

滑環 換邊

示範圖2

繼續加入工作圈5～10。

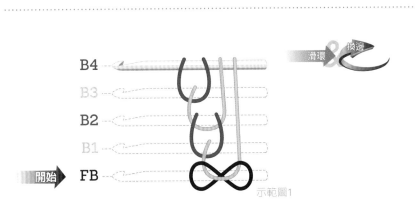

B4

B3

B2

B1

開始 FB

滑環 換邊

示範圖1

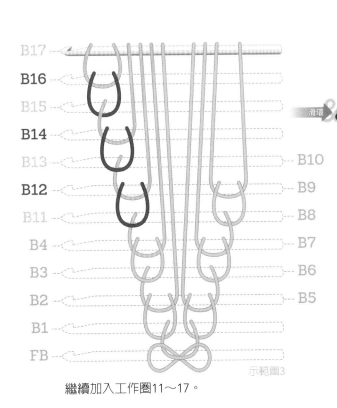

繼續加入工作圈11～17。

示範圖3

重複下一個圖案前，
先用別針做記號。

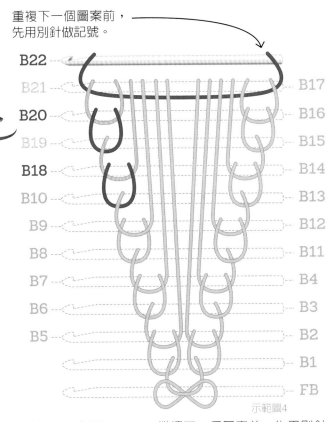

示範圖4

繼續加入工作圈18～22。繼續下一個圖案前，先用別針
做記號。每個圖案的工作圈1～22的技法都和步驟說明一
樣。如果在圖案裡加了裝飾品的話，記得在工作圈22後要
滑環和換邊（看小訣竅說明）。

小訣竅

如果要在圖案裡加入裝飾品，記得在工作圈22後要滑
環和換邊，這樣加入的飾品編好後才會在同
一邊。如果你想要裝飾品兩邊交替出現，
就不需要上述步驟。這個步驟適用於添加
飾品在所有的幾何編織圖案。

棕櫚葉圖案（承上一頁）

不同顏色的彩虹圈組合

接下來，我們要加入不同顏色的彩虹圈做變化。把各種顏色的彩虹圈依照下圖標明的工作順序擺好，這樣在編織時，才不會手忙腳亂的，又要看說明，又要找對彩虹圈的顏色。

聖誕樹圖案

打底圈和工作圈1～21用綠白相間的雙色彩虹圈，工作圈22用棕色彩虹圈。每個圖案之間縫上1個星型鈕扣，順序是上一個圖案的最後一條工作圈，工作圈22加上1條棕色彩虹圈，然後把星型鈕扣縫在下一個圖案的第1條工作圈上。編好最後一個圖案後，看你喜歡，可以加1條或者更多的棕色彩虹圈。也可以隨機在編織過程中，加入紅色和金色的6號串珠

（順序是先丟環到掛圈棒上，然後串珠到特定圈環上，再移回掛圈棒上的圈環到鉤針上）。

盡量把多點圈環套到掛圈棒上，這樣縫入的串珠才會出現在中央位置。或者也可以不用這麼麻煩，直接把串珠縫在鉤針上的工作端。這兩種方法都可以嘗試，看看哪一種的完成效果最好。

營火圖案

彩虹圈	顏色
FB	黃色
B1–B7	黃色
B8–B13	橘色
B14–B21	紅色
B22	黃色

每個圖案的彩虹圈編織順序都一樣。

加入鈕扣

一般來說，鈕扣有2種，一種是平面鈕扣，一種是立體鈕扣。立體鈕扣背後有串環，如果想在作品中加入立體鈕扣裝飾，就用線穿過彩虹圈環，然後穿過串環。如果是平面鈕扣，它的表面就有孔洞，一樣先用線穿過彩虹圈環，然後把圈環從背面孔洞穿到正面孔洞。

立體鈕扣背後有串環，先用線穿過彩虹圈環然後穿過串環。

平面鈕扣的話，一樣先用線穿過彩虹圈環，然後把圈環從背面孔洞穿出來到正面孔洞。

美麗彩珠圖案

難易度：進階級
測量：每個圖案3.5公分

材料清單

· 2條打底圈
· 每個圖案15條工作圈
· 雙頭鉤針
· 掛環棒
· 1個安全別針
· 每個圖案1個串珠或鈕扣
· 線或珠串

編織技法和縮寫

· **B**：工作圈
· **Bead**：串珠。把要附加的串珠、鈕扣、幸運物、裝飾品等利用尼龍線或者縫衣線串起來後，縫入特定的工作圈上。
· **BOH**：掛環
· **Cross**：交叉。把鉤針上2個不同顏色交錯的彩虹圈環，變成2個不同顏色並排的圈環。首先把彩虹圈前端穿過特定圈環後，連同後端一起掛到掛棒上。調整鉤針上的4個圈環位置，互相交叉，把相同顏色的圈環並放。這個技法是為了把同樣顏色的2個圈環變成1個。
· **f8**：8字形
· **FB**：打底圈
· **PM**：做記號
· **PT**：穿環
· **ret**：移回
· **S&T**：滑環和換邊
· **sl**：丟環
· **WE**：工作端

✱ 步驟說明 ✱

FB1：f8
FB2：PT2，BOH
B1：PT1，BOH
B2：PT2，BOH
B3：PT1，BOH
B4：PT2，BOH
B5：PT1，BOH
S&T
B6：PT1，BOH
B7：PT2，BOH
B8：PT1，BOH
B9：PT2，BOH
B10：PT1，BOH
sl3：先把3個圈環

丟到掛圈棒，把串珠縫入鉤針上前2個圈環，最後把掛圈棒上的3個圈環移回鉤針。

B11：PT3，BOH
B12：PT3，BOH
S&T
B13：PT3，BOH
B14：PT3，BOH
B15：PT4（穿過鉤針上全部4個圈環），BOH

　　重複下一個圖案前，先用別針做記號。每個圖案的工作圈1～15的技法都和步驟說明一樣。別忘了工作圈5和12後要滑環和換邊，重複編織圖案到你想要的長度。可參考第17～18頁的說明，教你如何用這個圖案編織出手鍊、綁書帶、髮圈或者項鍊。最後用塑膠扣環或者珠寶扣頭收尾。

美麗彩珠圖案（承上一頁）

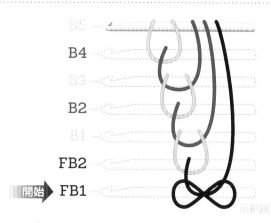

示範圖1

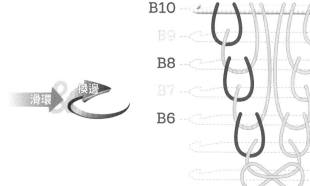

示範圖2

繼續加入工作圈6～10。

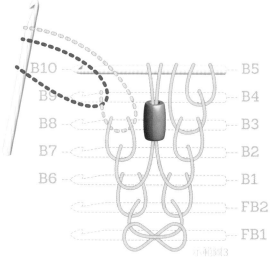

示範圖3

接著把3個圈環丟到掛圈棒上，然後把串珠縫入鉤針上的前2個圈環，最後把掛圈棒上的3個圈環移回鉤針。

重複下一個圖案前，先用別針做記號。

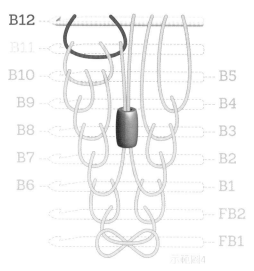

示範圖4

繼續加入工作圈11～12。

示範圖5

繼續加入工作圈13～15。重複下一個圖案前，先用別針做記號。每個圖案的工作圈1～15的技法都和步驟說明一樣。

不同顏色的彩虹圈組合

　　接下來，我們要加入不同顏色的彩虹圈做變化。把各種顏色的彩虹圈依照下圖標明的工作順序擺好，這樣在編織時，才不會手忙腳亂的，又要看說明，又要找對彩虹圈的顏色。

彩虹彩珠圖案

彩虹圈	顏色
FB1 & FB2	紅色
B1	橘色
B2	白色
B3	黃色
B4	淺綠色
B5	淺藍色
B6	橘色
B7	白色
B8	黃色
B9	淺綠色
B10	淺藍色
B11	深藍色
B12	紫色
B13	深藍色
B14	紫色
B15	紅色

每個圖案的彩虹圈顏色重複順序都一樣。

紮染彩色鈕扣圖案

彩虹圈	顏色
FB1 & FB2	紅色
B1	粉紅色
B2	黃色
B3	綠色
B4	藍色
B5	紅色
B6	粉紅色
B7	黃色
B8	綠色
B9	藍色
B10	紅色
B11	粉紅色
B12	黃色
B13	粉紅色
B14	黃色
B15	紅色

每個圖案的彩虹圈顏色重複順序都一樣。

雙色曲橋彩珠圖案

彩虹圈	奇數圖案顏色	偶數圖案顏色
FB1	白色	
FB2	白色和粉紅色，把鉤針的4個圈環整理成白白－粉紅粉紅	
B1	白色	粉紅色
B2	白色	粉紅色
B3	白色	粉紅色
B4	白色	粉紅色
B5	白色	粉紅色
B6	粉紅色	白色
B7	粉紅色	白色
B8	粉紅色	白色
B9	粉紅色	白色
B10	粉紅色	白色
B11	粉紅色	白色
B12	粉紅色	白色
B13	白色	粉紅色
B14	白色	粉紅色
B15	白色和粉紅色，把鉤針的4個圈環整理成粉紅粉紅－白白	白色和粉紅色，把鉤針的4個圈環整理成白白－粉紅粉紅

記得奇數圖案和偶數圖案的顏色順序。

拉拉隊球圖案

難易度：進階級
測量：每個圖案3公分

材料清單

· 1條打底圈
· 每個圖案20條工作圈
· 雙頭鉤棒
· 1個安全別針
· 每個圖案1個串珠或鈕扣
· 串珠線（字母拉拉隊球圖案）

編織技法和縮寫

· **B**：工作圈
· **Bead**：串珠。把要附加的串珠、鈕扣、幸運物、裝飾品等利用尼龍線或者縫衣線串起來後，縫入特定的工作圈上。
· **BOH**：掛環
· **f8**：8字形
· **FB**：打底圈
· **PM**：做記號
· **PT**：穿環
· **S&T**：滑環和換邊

＊ 步驟說明 ＊

FB：f8
B1：PT2（如果你喜歡，可以在裝飾品穿入這2個圈），BOH
B2- B10：PT1，BOH
S&T
B11- B19：PT1，BOH
B20：PT20（穿過鉤針上全部20個圈環），BOH

重複下一個圖案前，先用別針做記號。每個圖案的工作圈1～20的技法都和步驟說明一樣。重複編織圖案到你想要的長度。可參考第17～18頁的說明，教你如何用這個圖案編織出手鍊、綁書帶、髮圈或者項鍊。最後用塑膠扣環或者珠寶扣頭收尾。

小訣竅

開始編織前，把每個圖案的20條工作圈先抽出第一條和最後一條後，把剩下的彩虹圈分成兩堆，工作圈2～10一堆，工作圈11～19一堆（因為這18條的技法都是串一個環），這樣編織的過程中就不用管工作圈的順序了，只要記得編完第10條後，要滑環和換邊。

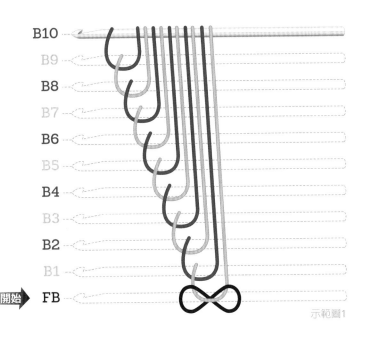

滑環　換邊

重複下一個圖案前，
先用別針做記號。

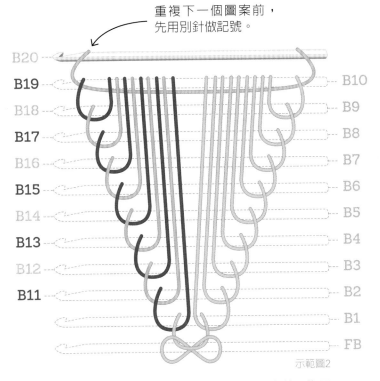

示範圖2

繼續加入工作圈11～20。重複下一個圖案前，先用
別針做記號。每個圖案的工作圈1～20的技法都和
步驟說明一樣。

不同顏色的彩虹圈組合

接下來，我們要加入不同顏色的彩虹圈做變
化。把各種顏色的彩虹圈依照下圖標明的工
作順序擺好，這樣在編織時，才不會手忙腳亂
的，又要看說明，又要找對彩虹圈的顏色。

薄荷葉圖案

你可以用綠色和白色，或者紅色和白色彩虹
圈的組合。顏色順序是打底圈和所有奇數工作
圈（1、3、5以此類推）都是綠色或者紅色，
而所有偶數工作圈都是白色（2、4、6以此類
推）。

雙色拉拉隊球圖案

這個圖案是以奇數圖案和偶數圖案不同顏色
交替。圖片是用黃色和藍色做示範，比如說奇
數圖案是藍色（1、3、5以此類推），而偶數圖
案是黃色（2、4、6以此類推）。也可以依照學
校啦啦隊的隊服來搭配顏色。

字母拉拉隊球圖案

可以把字母串珠穿入每個圖案的第一條工作
圈的2個圈環。字母組合可以用學校的啦啦隊
名，在2個圖案之間串入字母串珠就可以。

羽毛圖案

難易度：進階級
測量：每個圖案4公分

- 1條打底圈
- 每個圖案16條工作圈
- 雙頭鉤棒
- 1個安全別針
- 串珠線（孔雀圖案）
- 1個（孔圍1公分）的孔雀串珠（孔雀圖案）

- **B**：工作圈
- **Bead**：串珠。把要附加的串珠、鈕扣、幸運物、裝飾品等利用尼龍線或者縫衣線串起來後，縫入特定的工作圈上。
- **BOH**：掛環
- **f8**：8字形
- **FB**：打底圈
- **PM**：做記號
- **PT**：穿環
- **ret**：移回
- **S&T**：滑環和換邊
- **sl**：丟環
- **WE**：工作端

✻ 步驟說明 ✻

FB：f8	**S&T**
B1：PT2，BOH	**B10**：sl1，PT2，BOH，ret1
B2：PT1，BOH	
B3：PT2，BOH	**B11**：PT2，BOH
S&T	**S&T**
B4：PT1，BOH	**B12**：PT2，BOH
B5：PT2，BOH	**B13**：sl1，PT2，BOH，ret1
B6：sl1（丟1個圈環到掛圈棒），PT2，BOH，ret1（再移回掛圈棒上的1個圈環到鉤棒）	**S&T**
	B14：sl1，PT2，BOH，ret1
	B15：sl2，PT2，BOH，ret2
B7：PT1，BOH	**B16**：PT6（穿過鉤針上全部6個圈環），BOH
S&T	
B8：PT1，BOH	
B9：sl1，PT2，BOH，ret1	

重複下一個圖案前，先用別針做記號。每個圖案的工作圈1～16的技法都和步驟說明一樣。別忘了工作圈3、7、9、11、13後要滑環和換邊，重複編織圖案到你想要的長度。可參考第17～18頁的說明，教你如何用這個圖案編織出手鍊、綁書帶、髮圈或者項鍊。最後用塑膠扣環或者珠寶扣頭收尾。

不同顏色的彩虹圈組合

孔雀羽毛圖案

全部圖案的彩虹圈都用草綠色來編織，打底圈和工作圈1～14的技法和步驟說明一樣。工作圈15則是丟2個圈環到掛圈棒上，把藍色串珠穿過工作端的前2個圈環（PT2），掛環（BOH），再移回掛圈棒上的2個圈環到鉤棒。工作圈16也和步驟說明一樣。

小訣竅

本頁示範圖中的工作圈,有些看上去會比實際編織的彩虹圈長很多,這是為了讓各位看得更清楚,所以把某些工作圈畫得比較長。

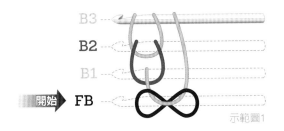

示範圖1

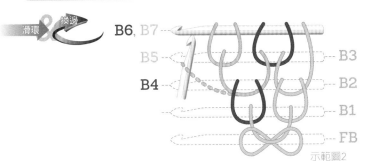

示範圖2

繼續加入工作圈4~7。

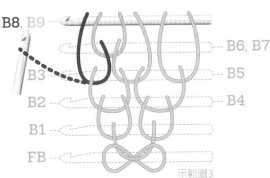

示範圖3

繼續加入工作圈8~9。

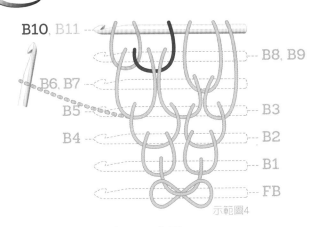

示範圖4

繼續加入工作圈10~11。

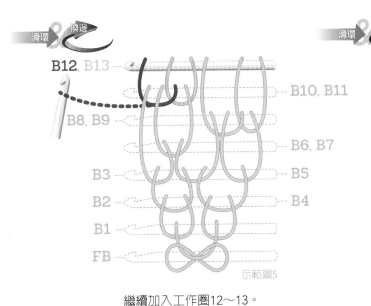

示範圖5

繼續加入工作圈12~13。

重複下一個圖案前,
先用別針做記號。

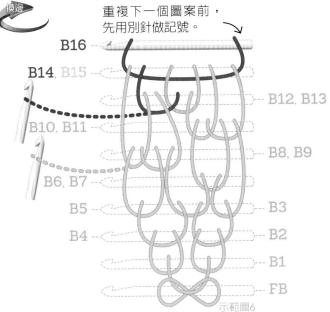

示範圖6

繼續加入工作圈14~16。

圓形項鍊圖案

難易度：進階級
測量：每個圖案4公分

- 1條打底圈（紫色）
- 31條紫色工作圈
- 8條粉紅色工作圈
- 額外的紫色和粉紅色彩虹圈來編項鍊
- 雙頭鉤棒
- 3個安全別針

- B：工作圈
- BOH：掛環
- ch：加鏈條
- f8：8字形
- FB：打底圈
- PM：做記號
- PT：穿環
- S&T：滑環和換邊
- WE：工作端

小訣竅

為了保險起見，可以在工作圈20之前，先別上安全別針做記號，這樣到工作圈21的掛環動作時就不怕圈環散掉。

＊ 步驟說明 ＊

打底圈～工作圈19的顏色是紫色，工作圈20～26是粉紅色，工作圈27～38是紫色，39是粉紅色，最後40～41是紫色。

FB（紫色）：f8	B14（紫色）：PT3，BOH
B1（紫色）：PT2，BOH	B15（紫色）：PT1，BOH
B2（紫色）：PT1，BOH	B16（紫色）：PT4，BOH
B3（紫色）：PT1，BOH	S&T
B4（紫色）：PT2，BOH	B17（紫色）：PT3，BOH
B5（紫色）：PT1，BOH，別上別針做記號（參考第47頁）	B18（紫色）：PT1，BOH
	B19（紫色）：PT4，BOH
B6（紫色）：PT1，BOH	B20（粉紅色）：PT6（穿過鉤針上全部6個圈環），BOH
B7（紫色）：PT2，BOH	
S&T	B21（粉紅色）：PT1，BOH
B8（紫色）：PT1，BOH	B22（粉紅色）：PT1，BOH
B9（紫色）：PT1，BOH	B23（粉紅色）：PT2，BOH
B10（紫色）：PT2，BOH	S&T
B11（紫色）：PT1，BOH，別上別針做記號（參考第47頁）	B24（粉紅色）：PT1，BOH
	B25（粉紅色）：PT1，BOH
B12（紫色）：PT1，BOH	B26（粉紅色）：PT2，BOH
B13（紫色）：PT2，BOH	（接續第47頁）

把別針上的圈環掛到鉤棒上

　　把別針別在工作圈5和11的圈環做記號。別了別針的圈環在鉤棒上呈現U字型，繼續編織到工作圈26，然後找出別了別針的工作圈5和11的圈環，接著把鉤棒掉頭，拉出工作圈11的圈環，掛到鉤棒的工作端，拉出工作圈5掛到後端。掛好後（鉤棒上會有8個圈環），把2個別針都拿掉，繼續編織到工作圈27。

1.把別針別在工作圈5（紅色別針）和11（綠色別針）的圈環做記號（圖片中的工作圈5和11都是紅色）。

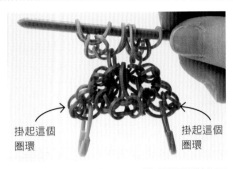

掛起這個圈環　　　　　掛起這個圈環

2.接著繼續編織到工作圈26，找出別了別針的工作圈5和11。

3.然後把鉤棒掉頭，這樣後端的工作圈11就變成工作端，工作圈5就變成後端。

4.整理掛好的圈環，現在鉤棒上會有8個圈環，然後繼續編織到工作圈27。

不同顏色的彩虹圈組合
三色項鍊

工作圈27～38加入第3個不同顏色的彩虹圈（圖片裡示範的是藍色彩虹圈）。然後再從工作圈39回到第2個顏色（粉紅色），步驟說明請看右邊。

接圖4，工作圈26以後的步驟。

B27（紫色）：PT1，BOH
B28（紫色）：PT1，BOH
B29（紫色）：PT2，BOH
B30（紫色）：PT3，BOH
B31（紫色）：PT1，BOH
B32（紫色）：PT4，BOH
S&T
B33（紫色）：PT1，BOH
B34（紫色）：PT1，BOH
B35（紫色）：PT2，BOH
B36（紫色）：PT3，BOH
B37（紫色）：PT1，BOH
B38（紫色）：PT4，BOH
B39（紫色）：PT8（穿過鉤針上全部8個圈環），BOH

重複下一個圖案前，先用別針做記號。工作圈1～39的技法和步驟說明一樣。

編到最後一個圖案，要收尾變成項鍊的動作。

B40（紫色）：PT2，BOH
B41（紫色）：PT1，BOH

從這裡開始，可以交錯編織紫色和粉紅色的彩虹圈，一直到想要的長度來當作鏈條，然後用收尾配件扣住（技法是每條彩虹圈穿2環，掛環，包括第1條工作圈）。

S&T

從工作圈40開始，接著編另外一邊鏈條，同樣是交錯編織紫色和粉紅色的彩虹圈，一直到想要的長度，然後用收尾配件扣住鏈條（技法是每條彩虹圈穿2環，掛環，包括第1條工作圈）。

這個圖案的示範圖和其他的不太一樣。其他示範圖是由上到下分段展示編織過程，而這個呈現的是從頭到尾完整的編織過程，所以頂端是最後一條工作圈。閱讀方向還是從圖的左邊開始，滑環和換邊之後，再看右邊。比如說，打底圈和工作圈1～7的說明在左邊，然後滑環和換邊，接著工作圈8～16從右邊開始，滑環和換邊之後，工作圈17～23從左邊開始，以此類推。

記住，雖然示範圖上的工作端是左右兩邊，但是實際編織過程中，工作端永遠是左邊。除非你是左撇子，那你的工作端就是右邊。

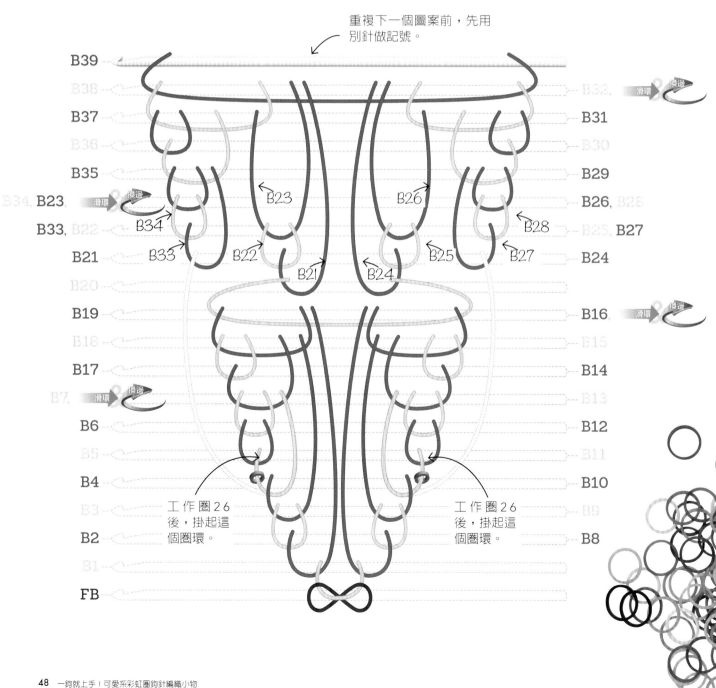

重複下一個圖案前，先用別針做記號。

工作圈26後，掛起這個圈環。

工作圈26後，掛起這個圈環。

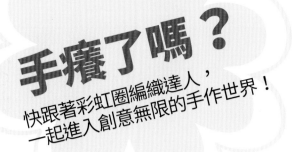

手癢了嗎？
快跟著彩虹圈編織達人，
一起進入創意無限的手作世界！

市面上開本最大，
圖片最清晰，
入門最快速的
彩虹圈編織專書！！

美國亞馬遜網路
書店手工藝暢銷
書榜第1名！

本書特色
★彩虹圈編織訣竅、小撇步、循序
　漸進的步驟說明。
★一看就懂的彩虹圈編織參照圖。
★手環、項鍊、戒指、耳環等各種
　彩虹圈飾品做法。
★各種你會喜歡的色彩變化款式。

彩虹圈編織系列

Totally Awesome Rubber Band Jewelry

我的第一本
百變彩虹編織書

超大開本，
全彩精美印刷

美國亞馬遜兒童手工藝暢銷書榜第1名！

用基本圖案就能變化出五彩炫麗、造型獨特的
手環、項鍊、耳環、戒指、腰帶！

作者 柯琳
譯者 李金梅

全美銷售突破800,000冊！
風靡全球的彩虹圈編織專書來囉！

商周出版

廣 告 回 函
北區郵件管理登記證
北臺字第000791號
郵資已付,免貼郵票

10483　台北市中山區民生東路二段141號9樓

城邦文化事業(股)有限公司
商周出版 收

一鉤就上手

可愛系彩虹圈鉤針編織小物

40名

幸運讀者,將有機會獲得價值1,299元,
Cra-Z-Loom原廠正版彩虹圈編織組一組!

「彩虹圈編織系列」填問券抽大獎!

活動辦法:

1. 填妥回函,並剪下任兩本截角(位於封面後折口)貼上寄回,即可參加抽獎。

2. 即日起至2015年1月25日止(以郵戳為憑)。

3. 得獎名單將於2015年1月30日公布於城邦讀書花園www.cite.tw,並以E-mail及電話通知。贈品將於2015年2月5日起陸續寄出。

活動專用讀者回函卡

謝謝您購買我們出版的書籍！請費心填寫此回函卡，我們將不定期寄上城邦集團最新的出版訊息。

姓名： _____ 性別：□男 □女

生日：西元 _____ 年 _____ 月 _____ 日

聯絡地址： _____

聯絡電話： _____ 傳真： _____

E-mail： _____

學歷：□1.小學 □2.國中 □3.高中 □4.大專 □5.研究所以上

職業：□1.學生 □2.軍公教 □3.服務 □4.金融 □5.製造 □6.資訊 □7.傳播 □8.自由業

　　　□9.農漁牧 □10.家管 □11.退休 □12.其他 _____

您從何種方式得知本書消息？

□1.書店 □2.網路 □3.報紙 □4.雜誌 □5.廣播 □6.電視 □7.親友推薦 □8.其他 _____

您在哪裡購買本書？

□1.金石堂（含金石堂網路書店） □2.誠品 □3.博客來 □4.何嘉仁 □5.其他 _____

您喜歡閱讀哪些類別的書籍？

□1.財經商業 □2.自然科學 □3.歷史 □4.法律 □5.文學 □6.休閒旅遊 □7.小說

□8.人物傳記 □9.生活勵志 □10.其他 _____

您還希望我們出版哪些手作書？

_____

對我們的建議：

認清這 4本書封喔！

只須剪下「彩虹圈編織」系列之
任2本書封截角寄回即可！

截角黏貼處

截角黏貼處